Angelika Hildebrandt

Das Herbizid-Dilemma. Die wachsende Weltbevölkerung im Konflikt mit unserer Lebensgrundlage

GRIN Verlag

1. Einleitung

In unserem modernen und wissenschaftlich fortgeschrittenen Zeitalter haben sich die Lebensaussichten und der Lebensstandard eines Menschen stark erhöht. Dies bedeutet, dass die Weltbevölkerung, dank dem Fortschritt in der Medizin und der Nahrungsmittelversorgung, rasant ansteigt. Besiedelten Mitte des 20.Jahrhunderts noch circa 2,5 Milliarden Menschen unseren Erdball, so sind es heutzutage bereits knapp 7,5 Milliarden.[1] Das ist sozusagen eine Verdreifachung der Bevölkerung innerhalb des Zeitraums von 1950 bis 2017, also in weniger als 70 Jahren. Diese sogenannte „Bevölkerungsexplosion" bringt eine Vielzahl an Konflikten und Herausforderungen mit sich, denn die Erde besitzt nur eine begrenzte Tragfähigkeit. Mehr Menschen bedeuten einen größeren ökologischen Fußabdruck, der besonders in der heutigen Zeit verstärkt wird durch die Emissionen und Abwärme-Erzeugungen von Flügen, Industrieanlagen und dem täglichen Hochverkehr in Großstädten. Auch der unverantwortliche Umgang mit Ressourcen trägt unter anderem durch Waldrodungen und chemische Bearbeitungen von Agrarnutzflächen zur Veränderung der Erdoberfläche bei. Je mehr Menschen die Welt besiedeln scheint es, desto stärker versuchen sie Herr über diese zu werden. Man versucht, in Form von künstlicher Bewässerung, Trockenlegung von Gewässern oder der kompletten Umschichtung von Rohstoffen wie Sand und Erde zu komplett neuen Inseln, in Naturvorgänge zu intervenieren. Daraus entstehen ganze wirtschaftliche Sektoren, die sich wenig um den Schaden kümmern, den sie durch ihr Geschäft mit der Natur anrichten. Es mag nahezu absurd klingen, doch ein Beispiel hierfür ist der Sandhandel, welcher mittlerweile wie Gold gehandelt wird – in Indien ist aus der immensen Nachfrage heraus, sogar eine „Sand-Mafia" entstanden, deren Umsatz in den Milliarden Bereich geht.[2] Die hohe Nachfrage resultiert daraus, dass Sand der meistgenutzte Rohstoff der Welt, direkt nach Wasser, ist. Aus ihm werden sowohl Glas, Nahrungsmittel, Kosmetika und elektronische Geräte hergestellt, als auch ganze Metropolen mit und auf ihm hochgezogen.

Die ansteigende Weltbevölkerung stellt, wie man sehen kann, alle Menschen vor große gesellschaftliche, politische, wirtschaftliche und ökonomische Konflikte.

In dieser wissenschaftlichen Arbeit thematisiere ich diese Konflikte unter dem Hauptaspekt der Zerstörung von komplexen, auf Wechselwirkung beruhenden Ökosystemen, durch die Behandlung von Agrarnutzflächen mit chemischen Substanzen, durch biochemische Konzerne.

---

[1] Vgl. UN Population Database: http://pdwb.de/nd02.htm, entnommen am 04.11.17, 21:43 Uhr
[2] Vgl.: https://netzfrauen.org/2015/08/29/unserer-erde-geht-der-sand-aus-sand-wird-zur-schmuggelware/, entnommen am 26.11.17, 15:51 Uhr

2. Biochemische Konzerne und ihre Geschichten

2.1 Monsanto Company

Es ist allgemein bekannt, dass große landwirtschaftliche Unternehmen mit Pflanzenschutzmitteln arbeiten, um der weltweit steigenden Lebensmittelnachfrage gerecht zu werden, und einen hohen Absatz zu erzielen. Hierbei gibt es wohl keinen wichtigeren Faktor als den des Geldes. Nachhaltigkeit und Umweltfreundlichkeit dienen hierbei nur als weitere Verkaufsstrategien für ein sauberes Image und höhere Verkaufszahlen. Hierbei sehen sich agrochemische Unternehmen heutzutage im Zentrum des Beschusses – ihnen wird vorgeworfen, hinter ihrem zurechtgelegten Image, der Umwelt zu schaden. Einer der wohl bekanntesten und kontrovers wahrgenommenen Pharmakonzerne der letzten Jahre ist Monsanto.

Seine Anfänge hat Monsanto Chemical Company 1901 in Sankt Louis, Missouri, USA. John Francis Queeny als Gründer des US-Unternehmens, nahm sich vor, den Zusatzstoff Saccharin[3] in den Vereinigten Staaten monopolistisch herzustellen, da Saccharin zu dieser Zeit nur in Deutschland hergestellt wurde. In den 1940er Jahren beginnt der Konzern mit der Herstellung von PCB's[4], welche zu den als das „Dreckige Dutzend" bekannten organischen Giftstoffen gehören.[5]

Die Abfälle dieser Stoffe haben sich im Laufe der Zeit in Folge von unvermeidbaren Havarien und nicht entsprechender Entsorgung in der Umwelt verteilt. Die Folge davon: Die bioakkumulativen[6] Stoffe gliedern sich in die Nahrungskette ein und lassen sich in der Muttermilch, in menschlichem Gewebe und in (antarktischen) Fischen nachweisen. Die Toxine schaden nicht nur der Gesundheit von Lebewesen in Form von Organschäden, neurologischen Schäden, Krebs und Unfruchtbarkeit, sondern zerstören auch Lebensräume, indem sie Erde und Gewässer kontaminieren. [7]

Auf das Konto des biochemischen Konzerns gehen einige irreversible Vergehen der Umweltverschmutzung mit unüberschaubaren Zukunftsauswirkungen. Doch klickt man auf die Homepage des US-Agrar-Riesen, so erscheinen Naturlandschaften mit Solarzellen auf grüner Wiese, freudestrahlende Menschen und Slogans wie „Together

---

[3] Synthetischer Süßstoff mit der Bezeichnung E 954; Geschmacksverstärker ohne Mehrwert für den menschlichen Organismus und krebserregenden Eigenschaften.

[4] Polychlorierte Biphenyle; krebsauslösende Chlorverbindungen, welche als Weichmacher in synthetischen Mitteln dienen.

[5] Vgl.: https://de.m.wikipedia.org/wiki/Monsanto#Anfangszeit_von_Monsanto, entnommen am 24.11.17, 16:50 Uhr

[6] Bioakkumulation; Anreicherung eines Organismus an einer Substanz durch Aufnahme aus der Umwelt oder über die Nahrung.

[7] Vgl.: https://de.m.wikipedia.org/wiki/Polychlorierte_Byphenyle, entnommen am 24.11.17, 16:45 Uhr

We Feed The World And Protect The Planet" oder „[…] Conserving Resources"[8]. Dass nicht alle dasselbe von Monsanto halten, wie das Unternehmen selbst, sieht man an dem bereits langjährigen, globalen Streit über die Nutzung von Glyphosat, welches das Unternehmen unter dem Namen „ROUNDUP READY", weltweit verkauft.

Dem Herbizid wurden gesundheitliche Gefahren und umweltschädigende Eigenschaften nachgewiesen. Aus diesem Grund forderte die Umweltbehörde des US-Staates Kalifornien, dass die chemische Substanz in die Liste der krebserregenden Mittel aufgenommen wird. Monsanto erhob sogleich Klage gegen die Behörde und tat das Übliche, um seine Skandale nicht den Umsatz schädigen zu lassen, also die Wahrheit, durch massive Lobbyarbeit und gefälschte Studien, in ein für sie passendes Licht zu rücken. Bei einem steigenden Umsatz des Konzerns mit 4,8 Milliarden Dollar (2015), allein für das „Roundup-Mittel", sucht Monsantos Lobbyarbeiten ihresgleichen: Korrupte Politiker, Forscher und Unternehmer, sind bei richtiger Bezahlung oder passender Interessenvertretung, nur zu gerne beim wirtschaftlichen Aufstreben der biochemischen Firma behilflich. So entschieden etwa Europa-Politiker 2016, trotz heftiger Proteste der Bevölkerung, eine Zulassungsverlängerung für das Herbizid Glyphosat durchzusetzen. Nur Frankreich, Schweden und die Niederlande sprachen sich deutlich gegen eine Verlängerung aus, während Deutschland sich lediglich enthielt.[9] Letzteres ist wenig verwunderlich, schließlich greifen in Deutschland alle großen Lebensmittelkonzerne auf die Produkte von Monsanto zurück. Es herrscht ein Geflecht bestehend aus wirtschaftlichen Konzernen, bei der die eine Hand die andere wäscht, und sich gegenseitig hohe wirtschaftliche Stellung und gesellschaftliche Wichtigkeit verschaffen, was wiederum darin resultiert, dass Konzerne starken Einfluss auf politische Entscheidungen gewinnen, wenn nicht sogar komplette Zielsetzungen vorlegen können. Betritt man beispielsweise einen Supermarkt offenbaren sich Regale voller Lebensmittel von verschiedensten Anbietern, die eine Anbietervielfalt suggerieren. Was die wenigsten wissen ist, dass die meisten Nahrungsmittelhersteller die im Laden vertreten sind, sich einem der zehn Lebensmittelgiganten, wie Nestle oder Unilever, zuordnen lassen. Unsere Markendiversität wird also von wenigen Konzernen bestimmt, und täuscht somit.

So wurde am 27. November 2017 erneut über die Zulassungsverlängerung des Pestizids Glyphosat auf fünf Jahre abgestimmt. Europarlamentarier und Landwirt Karl-Heinz Florenz äußerte in einem Interview, dass er die Zulassungsverlängerung auf fünf

---

[8] siehe https://monsanto.com/, entnommen am 25.11.17, 14:40 Uhr
[9] Vgl.: http://www.deutsche-gesundheits-nachrichten.de/2016/03/10/eu-parlament-verschiebt-abstimmung-ueber-glyphosat-zulassung/, entnommen am 25.11.17, 15.47 Uhr

Jahre unterstütze und er davon ausgehe, dass diese zustande kommen werde, da die Industrie mehr Zeit für die Entwicklung neuer Pflanzenschutzmittel brauche.[10]

Letztendlich behielt Florenz Recht: 18 der 28 EU-Länder beteiligten sich an der Abstimmung, wobei die Mehrheit einer Verlängerung zustimmte.[11]

Monsanto selbst akzeptierte im September 2016 eine Übernahme durch das chemische und pharmazeutische Unternehmen „Bayer AG" für 66 Milliarden US-Dollar. Nach langwierigen Diskursen wurde die Übernahme am 7. Juni 2018 vollzogen.

2.2 Bayer AG

Seinen Anfang nimmt das Unternehmen im August 1863 in Wuppertal, Deutschland; wo Friedrich Bayer[12] und Johann Weskott[13] die Farbenfabrik „Friedr. Bayer et comp." gründen. Der Unternehmensname und die Tätigkeitsbereiche veränderten sich im Laufe der Zeit, so heißt der Konzern heute „Bayer AG".

Die Firma produzierte anfangs Fuchsin und Anilin, und vermarktete diese im 20.Jahrhundert unter den Namen Heroin, Aspirin und Prontosil. Durch sie erlangte man einen hohen Bekanntheitsgrad.

Heutzutage ist die Bayer Aktiengesellschaft ein weltweit etabliertes und führendes Unternehmen, das Umsätze von rund 46,769 Milliarden Euro jährlich macht (Stand 2016).[14]

Die Konzernstruktur des Unternehmens wurde, aufgrund der verschiedenen Tätigkeitsfelder, in drei fachspezifische Bereiche unterteilt:

1. Pharmaceuticals – die Forschung, Entwicklung und Vermarktung von Medikamenten,
2. Consumer Health – die Herstellung von verschreibungsfreien Medikamenten,
3. Crop Sciene & Animal Health – kümmern sich um den Pflanzenschutz, Saatgut und der Gesundheit von hauptsächlich Nutztieren.[15]

Die Division Crop Science, welche für die Schädlingsbekämpfung zuständig ist, wurde 2002 während der Neustrukturierung als Tochtergesellschaft unter dem Namen „Bayer

---

[10] Vgl.: www.deutschlandfunk.de/eu-parlamentarier-karl-heinz-florenz-glyphosat-fuenf-jahre.697.de.html?dram:article_id=401403, entnommen am 25.11.17, 16:40 Uhr

[11] Vgl.: http://www.rp-online.de/politik/eu/glyphosat-fuer-weitere-fuenf-jahre-in-der-eu-zugelassen-aid-1.7229735, entnommen am 27.11.17, 18:33 Uhr

[12] Friedrich Bayer, eigentlich Friedrich Beyer (* 6. Juni 1825; † 6. Mai 1880), war ein deutscher Unternehmer, Färber und Chemiker.

[13] Johann Friedrich Weskott (* 10. Oktober 1821; † 4. Oktober 1876) war ein deutscher Färber, Chemiker, Teerfarben-Pionier und Mitbegründer der heutigen Bayer AG.

[14] Vgl.: https://de.wikipedia.org/wiki/Bayer_AG, entnommen am 27.11.17, 19:47 Uhr

[15] Vgl.: https://www.bayer.de/de/profil-und-organisation.aspx, entnommen am 27.11.17, 20:00 Uhr

Crop Science AG" ausgegliedert, jedoch 2016 wieder in eine effizientere Division umfunktioniert.

Die offizielle Website des agrarchemischen Konzerns macht beim Abrufen einen positiven Eindruck: eine modern und in den harmonischen Naturfarben blau und grün gestaltete Seite öffnet sich auf dem Bildschirm. Das Firmenmotto in großer Schrift im Kopfteil der Seite eröffnet den Unternehmensleitsatz „Bayer: Science For A Better Life".[16]

So sieht Bayer seine Mission darin, der wachsenden Weltbevölkerung eine immer besser werdende medizinische Versorgung und somit die Erhöhung der Lebensqualität zu gewährleisten. Auch werden in den Firmentexten auf der Homepage monopolistische Ziele aufgeführt; so will Bayer sich beispielsweise auf den Märkten, auf welchen es vertreten ist, eine Hegemonialstellung erzielen und behaupten, was die Übernahme Monsantos erklärt. Des Weiteren verspricht das Unternehmen Nachhaltigkeit, sowie verantwortungsvolles und ethisches Handeln.[17]

Dazu steht jedoch das Verhalten des Konzerns in Diskrepanz zum Versprochenen. Bayer geriet zum Beispiel im Oktober 2010, zusammen mit anderen Unternehmen, wie BASF und US-Politikern, in die Kritik, da sie mit Hilfe von Lobbyismus den Klimawandel vehement leugneten und Gesetze zum Klimaschutz sabotierten.[18]

Eine weitaus verheerendere Aktion lieferte die Bayer AG jedoch bereits im 20. Jahrhundert, gemeinsam mit seinem Gemeinschaftsunternehmen „Mobay", welches Bayer zusammen mit Monsanto führte, und dem Chemieunternehmen „Dow Chemical[19]", zu Zeiten des Vietnam-Krieges.

Im Jahr 1961 gewährte der Präsident der Vereinigten Staaten, John F. Kennedy, den Einsatz eines chemischen Entlaubungsmittels mit dem Namen „Agent Orange". Ziel der als „Operation Ranch Hand" bezeichneten Aktion, war die Entlaubung des vietnamesischen Dschungels und die Destruktion der Unterschlupf- und Ernährungsmöglichkeiten der „Vietcong[20]". So kam es, dass die oben genannten Chemiekonzerne die US-amerikanische Regierung mit 75 Millionen Liter Entlaubungsmittel belieferten. Es war zu dieser Zeit jedoch bereits allseits bekannt, dass die chemische Kriegsführung von der Genfer Kriegskonvention strengstens untersagt wurde; doch man einigte sich dennoch auf die Durchführung unter „Geheimhaltung" der Operation, und führte die chemische Entlaubungssubstanz unter einem Decknamen. „Agent Orange" wurde mit Hilfe von Flugzeugen über den Großteil

---

[16] Vgl.: https://www.bayer.de/, entnommen am 27.11.17, 20:13 Uhr
[17] Vgl.: https://www.bayer.de/de/crop-science-division.aspx, entnommen am 27.11.17, 20:40 Uhr
[18] Vgl.: https://de.wikipedia.org/wiki/Bayer_AG#Kritik_und_Skandale, entnommen am 27.11.17, 20:51 Uhr
[19] The Dow Chemical Company, war ein global tätiges Chemieunternehmen aus den Vereinigten Staaten. Es zählte als zweitgrößter Chemiekonzern der Welt (nach BASF). 2017 fusionierte Dow Chemical mit seinem Kontrahenten „DuPont", zur „DowDuPont Inc".
[20] Abkürzung der vietnamesischen Wendung „Viet Nam Ceng Sen" („vietnamesischer Kommunist").

des Dschungels versprüht, und führte durch sein höchst giftiges Dioxin zu irreversiblen Schäden für Mensch und Umwelt.[21]

Über 20 Krankheiten, wie zum Beispiel Leukämie, Prostatakrebs, Wirbelsäulenspalt, Nervenleiden, Diabetes, Parkinson oder allgemein Gehirnschäden, zählen zu den Direktfolgen des chemischen Angriffs. Laut offizieller Stellungnahme sollen drei Millionen Vietnamesen an den Folgeschäden leiden, und zusätzlich 150.000 Kinder mit Behinderung auf die Welt gekommen sein. Bis heute kommen Neugeborene in Folge der Dioxin-Vergiftung mit Behinderungen zur Welt. Zu den Auswirkungen der Attacke zählen auch aktuell noch die Verseuchung von Gewässern und den darin lebenden Lebewesen, das Absterben von Bäumen und Pflanzen, sowie die Vergiftung von Böden bis zur Unfruchtbarkeit. Zu den Menschen, die unter diesen Umständen überleben müssen, gehört Linh Chi: Die Mutter des elfjährige Mädchen litt an einem Nierentumor, ihr Vater, ein ehemaliger Soldat, starb mit 66 Jahren an Krebs. Linh selbst ist behindert zur Welt gekommen, momentan wartet sie auf eine neue Beinprothese.

Die Reaktion der Hersteller des Entlaubungsgiftes „Agent Orange", welches die Ursache der Kontamination von Lebensräumen und Lebewesen ist, lässt jedoch stark zu wünschen übrig. Sie leugnen im Zusammenhang, mit der Erkrankung von Menschen und der Verseuchung von Böden durch „Agent Orange", zu stehen.

Erst nach einer Gemeinschaftsanklage 1984 eingereicht von 200.000 US-Veteranen, einigten sich Mobay und Dow Chemical auf eine Entschädigung in Höhe von 180 Millionen Dollar. Dies betraf wohlgemerkt nur die 200.000 betroffenen US-Veteranen aus dem Vietnam-Krieg, nicht aber die geschädigten Vietnamesen. Auch heute noch wird eine Mitschuld an der Misere vehement geleugnet.[22]

Hier sieht man also, welche vielversprechenden Ethiken der Chemieriese Bayer sich zuschreibt, welche bei genauerer Betrachtung als Schwindel auffliegt, da er im Widerspruch zu diesen handelt.

3. Böden als Existenzgrundlage

Böden sind wichtigster Bestandteil eines funktionierenden Ökosystems. Sie filtern Regenwasser zu Trinkwasser, speichern Kohlenstoff, beherbergen mehr Organismen als es Menschen auf diesem Planeten gibt (Zwei Drittel aller Arten auf der Welt leben unter der Erdoberfläche) und sie sind Grundlage unserer Nahrungsmittelanpflanzung.

---

[21] Vgl.: http://www.hausarbeiten.de/faecher/vorschau/149720.html, entnommen am 27.11.17, 21:45 Uhr
[22]   Vgl.:   https://www.welt.de/vermischtes/article139913254/Agent-Orange-Bis-heute-eine-toedliche-Waffe.html, entnommen am 27.11.17, 22:20 Uhr

Es ist also ein wichtiges Anliegen, auf eine bodengerechte Bewirtschaftung zu achten, da anthropogene Eingriffe in das sich sonst selbst-regulierende Ökosystem zu Übersäuerung, Erosion oder Unfruchtbarkeit führen können.

Nährböden bestehen zu circa 45 Prozent aus mineralischen Substanzen, welche aus der Verwitterung der Gesteine gebildet werden und überlebenswichtige Mineralsalze für Pflanzen liefern. Humus bildet sich aus abgestorbenen Pflanzen und macht die Erde fruchtbar. Dafür sind die von Agrarbauern als „Unkraut" angesehenen Pflanzen genauso wichtig, da auch sie die Bodenpartikel zusammenhalten und somit Wasser und Nährstoffe für Wurzeln erreichbar konservieren. Doch genau darin besteht die Problematik der heutigen Agrarnutzung mit chemischen Substanzen: Die 1,5 Milliarden Hektar Boden, welche als Anbaufläche genutzt werden, enthalten nur wenige organische Substanzen, da diese sich durch die Aberntung und die Vernichtung von „Unkraut", nicht bilden können. Dies hat zur Folge, dass die im Grund lebenden Organismen, wie zum Beispiel Regenwürmer, die zur guten Bodenqualität beitragen, nicht mehr genügend organische Bestandteile zu Nährstoffen verwerten können, der Grund auf Dauer an Bodenstruktur verliert und sogar unfruchtbar werden kann.

Genau diesem Problem sehen sich Bauern heutzutage gegenübergestellt: Die permanente Bearbeitung von Feldern mit chemischen Mitteln führt zur Versalzung, Degradierung oder Wüstenbildung von landwirtschaftlichen Nutzflächen.

Vor allem Dritte Welt Länder trifft dies hart, da diese schwer von Missernten und Armut betroffen sind und keinen wirtschaftlichen Ausgleich haben. So bleibt ihnen, aufgrund der Übernutzung von Feldern und der globalen Erwärmung, nur die Flucht vor Armut, Hungersnot und Umweltkatastrophen.[23]

Nachhaltigkeit und die Minimierung des Flächenverbrauchs sollten also im Interesse der gesamten Weltbevölkerung liegen, da die Erde keine Länderunterteilungen kennt, und der demografische sowie die Veränderung von Landschaften alle Menschen betrifft; unter anderem auch, weil wir in einer globalisierten Welt leben, welche zusätzlich durch die Verstrickung von wirtschaftlichen Interdependenzen geprägt ist.

4. Herbizide im Gebrauch und ihre Folgen

4.1 Definition „Herbizid"

Herbizide sind Unkrautbekämpfungsmittel in Form chemischer Verbindungen zur Abtötung von unerwünschten Pflanzen oder Pflanzenteilen. Sie sind eine Untergruppe

---

[23] Vgl.: https://www.agrarheute.com/management/finanzen/zehn-fakten-ackerboden-445152, entnommen am 26.11.17, 18:34 Uhr

der Pestizide[24]. Sie wirken entweder unkontrolliert ätzend oder systematisch beeinflussend. Sie greifen dabei die Photosynthese, die Biosynthese oder die Zellatmung der Pflanzen an; oder hemmen die Keimung und Mitose, und den Stoffwechsel. Sie werden vorwiegend im Anbau von Getreide, Rüben, Mais, Raps oder Kartoffeln genutzt. Herbizide sind gesundheitsschädlich für Mensch und Umwelt, und sind nur sehr schlecht abbaubar.[25]

Man unterscheidet Herbizide zwischen selektiven Herbiziden, welche gezielt gegen unerwünschte Pflanzen wirken und Totalherbiziden, die alle Pflanzen abtöten.[26]

4.2 Wirkungsweisen von Herbiziden

Herbizide dringen je nach Beschaffenheit des Bodens mehr oder weniger tief in die Erde ein. Für manche Flächen verwendet man also mehr Unkrautvernichtungsmittel als für andere. Allgemein lassen sich Herbizide auf drei Arten anwenden, welche im weiteren Verlauf genannt werden.

4.2.1 Kontaktherbizide

Diese Herbizide wirken auf den getroffenen Pflanzenteilen; nach wenigen Tagen sterben die kontaminierten Pflanzen ab. Wärme und Trockenheit können die Wirkung hierbei erhöhen. Die Wiederbegrünung durch unerwünschte Pflanzen soll, bei optimalen Voraussetzungen, nach 6 – 8 Wochen wieder einsetzen.[27]

4.2.2 Wuchsstoffherbizide

Bei diesen Herbiziden, auch „translokale Blattherbizide" genannt, erfolgt die Aufnahme über das Blatt der Pflanze. Dort schädigen sie den Wachstum, den Stoffwechsel oder die Zellteilung – dies sind die bekannten Wirkungsweisen, alle sind jedoch noch nicht bekannt. Bei der Verwendung sollte das Unkraut sich voll entwickelt haben und ein Abkommen durch Wettereinflüsse auf andere Pflanzen sollte vermieden werden.[28]

---

[24] Biozide; Chemische Substanzen die als Landwirtschafts-Hilfsmittel lästige Pflanzen und Lebewesen abtöten, vertreiben oder deren Wachstum hemmen.
[25] Vgl.: http://www.spektrum.de/lexikon/biologie/herbizide/31406, entnommen am 26.11.17, 22:15 Uhr
[26] Vgl.: http://www.chemie.de/lexikon/Herbizid.html, entnommen am 26.11.17, 22:23 Uhr
[27] Vgl.: http://greencommons.de/images/e/e2/Einteilung_von_Herbiziden_Sachkundelehrgang_Kommunaler_Bereich_.pdf, entnommen am 26.11.17, 22:30 Uhr
[28] Vgl.: https://www.ulmer.de/Ausbringung-von-Pflanzenschutzmitteln-Wirkungsweisen-von-Herbiziden,QUIEPTI4NDQ5MSZVUE9TPTImTUlEPTMyMTA.htmlv, entnommen am 26.11.17, 22:45 Uhr

4.2.3 Bodenherbizide

Diese Herbizide werden auch „Residualherbizide" genannt und werden mit Hilfe von Wasser an die Wurzeln der unerwünschten Pflanze gebracht, wo die chemische Substanz auch über einen längeren Zeitraum hinweg bestehen bleibt. Von der Pflanze aufgenommen, töten sie die Pflanze ab, indem sie die Photosynthese und Atmungsvorgänge stören.[29]

4.3 Glyphosat

Die chemische Verbindung aus der Phosphatgruppe wird als Wuchsstoffherbizid zur Unkrautvernichtung in der Landwirtschaft, auf unkultivierten Industrieflächen und zur Verkehrssicherung von Bahnstrecken genutzt. In der Agrarnutzung wird das Feld vor oder nach dem Säen von beispielsweise Getreide, Raps, Sonnenblumen, Mais, Zuckerrüben oder Sojabohnen mit dem Mittel bearbeitet.

Seit glyphosathaltige Herbizide 1974 unter dem Namen „Roundup" auf dem Markt angeboten werden, finden sie sowohl im privaten, als auch im wirtschaftlichen Sektor Verwendung. Vorteil des Pflanzenschutzmittels ist, dass mehrere Düngungs-durchgänge mit unterschiedlichen Herbiziden nicht mehr notwendig sind, sondern dass das einmalige Düngen, innerhalb eines vorgegebenen Zeitraums, genügt. Auch müssen die Felder vor der nächsten Aussaat nicht mehr zur Unkrautentfernung gepflügt werden, denn Glyphosat entfernt Unkraut sehr wirksam.

So entwickelte es sich, dass das Mittel die mechanische Unkrautkontrolle verdrängte und heute die landwirtschaftlichen Prozesse unserer Zeit lenkend beeinflusst.[30]

Die Halbwertszeit der chemischen Verbindung beträgt 44 bis 215 Tage, dann beginnt der Abbau des Produkts durch Mikroorganismen. Dabei gelangt Glyphosat über die direkte Auftragung, durch Regen oder Wurzelausscheidungen der Pflanzen in den Boden und somit ins Grund- und Oberflächenwasser.[31]

In der Broschüre „Kompendium Sojabohne – Züchtung und Anbau, Verwertung und Markt" (2001), herausgegeben von der „American Soybean Association (ASA)", „Aventis Crop Science Deutschland GmbH", „Bund für Lebensmittelrecht und Lebensmittelkunde e.V. (DLL)", „Monsanto Agrar Deutschland GmbH" und „Syngenta Seeds GmbH", wird Glyphosat als optimaler Wirkstoff mit einzig und allein positiven

---

[29] Vgl.: https://www.ulmer.de/Ausbringung-von-Pflanzenschutzmitteln-Wirkungsweisen-von-Herbiziden,QUIEPTI4NDQ5MSZVUE9TPTImTUIEPTMyMTA.html, entnommen am 26.11.17, 22:48 Uhr
[30] Vgl.: http://www.glyphosat.de/glyphosat-grundlagen/was-ist-glyphosat, entnommen am 25.11.17, 21:03 Uhr
[31] Vgl.: https://www.nabu.de/imperia/md/content/nabude/gentechnik/hintergrund/faqglyphosat.pdf, entnommen am 25.11.17, 21:20 Uhr

Eigenschaften präsentiert. So heißt es in einem Abschnitt: „Der Stoff zeichnet sich aus durch günstige Umwelteigenschaften, wie beispielsweise einer schnellen Bodenbindung, die die Auswaschung in das Grundwasser verhindert, einer guten biologischen Abbaubarkeit, einer geringen Toxizität gegenüber [Lebewesen], keiner Toxizität gegenüber Bienen und fehlender krebserregender Eigenschaften beim Menschen". Da stellt sich jedoch die Frage, wie diese biochemischen Unternehmen, die bekanntermaßen nur ungerne für ihre Fehltritte geradestehen, „geringe[] Toxizität" definieren. Es ist unübersehbar, dass diese Broschüre lobbyistischer nicht sein könnte; es wird der Anspruch auf ein vollkommenes Wundermittel erhoben, welches bis heute noch nicht ausreichend und gewissenhaft auf seine Schädlichkeit von diesen Konzernen überprüft wurde: Unternehmensinterne Wissenschaftler fälschen Forschungsergebnisse, erstellen komplette Studien, welche dann von nennenswerten Forschern oder Expertengruppen für viel Geld lediglich unterzeichnet werden.

Dabei werden Fakten nicht nur beschönigt, sondern teilweise komplett vertuscht, während unwichtige Verfahrensweisen bis ins Detail ausgeführt werden.

Laut des Reports von „Global 2000", wurden die Verfahren zur Ermittlung der krebserregenden Eigenschaften von Glyphosat durch die „Europäische Behörde für Lebensmittel-Sicherheit (EFSA)" und die „Europäische Chemikalienagentur (ECHA)" durchgeführt, wobei 12 der 16 Gruppenmitglieder zuvor einmal für Monsanto tätig beziehungsweise angestellt waren.[32]

So bewies eine 2016 durchgeführte Untersuchung der Heinrich Böll Stiftung, dass der Stoff Glyphosat nachweisbar in hohen Mengen im menschlichen Organismus vorliegt, und sorgte mit dieser Aufdeckung für großen Wirbel – die Studie wurde nämlich zu der Zeit veröffentlicht, in welcher sich immer größere Teile der Bevölkerung für das Thema Unkrautvernichtung sensibilisierten. Die Forscher berichteten, dass 75 Prozent der Deutschen erhöhte Glyphosatrückstände im Urin aufweisen. So schrieb die Stiftung, dass „[B]ei 75 Prozent der [Bevölkerung] die Belastung mit mindestens 0,5 ng/ml um ein fünffaches höher als der Grenzwert für Trinkwasser mit 0,1 ng/ml zulässt [ist]".[33]

Auch dass das Herbizid laut Unternehmen keinerlei Toxizität für Bienen aufweist, wird durch eine in Argentinien und Deutschland durchgeführte Studie widerlegt. Diese zeigt, dass Glyphosat das überlebenswichtige Navigationsverhalten der Bienen negativ beeinflusst. Es ist unvermeidlich, dass Bienen nicht in Berührung mit dem verteilten Herbizid kommen, schließlich kann man auch bei gewissenhaftester Verwendung des Mittels nicht dafür garantieren, dass die Substanz durch äußere Faktoren wie Regen

---

[32] Vgl.: http://www.ecowoman.de/24-natur-umwelt/5444-monsanto-faelscht-studien-und-glyphosat-bleibt-weiterhin-erlaubt, entnommen am 25.11.17, 22:00 Uhr
[33] Vgl.: http://www.deutsche-gesundheits-nachrichten.de/2016/03/10/eu-parlament-verschiebt-abstimmung-ueber-glyphosat-zulassung/, entnommen am 25.11.17, 22:13 Uhr

und Wind sich nicht doch über weite Flächen verteilt. So kommt es, dass sich im Nektar der Wildpflanzen, welche in der Umgebung behandelter Felder liegen, Glyphosat nachweisen lässt. Bei Bienen verändert sich das Verhalten nach dem Kontakt mit einer geringen Menge des Herbizids insofern, dass diese den Heimflug nur schwer wieder finden. Folglich behält Manfred Hederer, der Präsident des Deutschen Berufs- und Erwerbsimkerbundes e. V., recht mit seiner Aussage: „[…] Die Belastung der Bienengesundheit, insbesondere im Cocktail mit den anderen problematischen Pflanzenschutzmitteln, [sei] nicht mehr abschätzbar."[34]

4.4 Glufosinat

Glufosinat-Ammonium ist eine chemische Verbindung, welche beispielsweise als Wirkstoff im Herbizid „Basta" verwendet wird. Das Blattherbizid gelangt über die Blätter in die Pflanze und hemmt dort ein für den Stoffwechsel benötigtes Enzym, sodass diese abstirbt. Glufosinat wirkt nur an Kontaktstellen, dadurch werden Unkräuter bekämpft, ohne dass Mutterpflanzen geschädigt werden oder der Boden bearbeitet werden muss. Dies ist besonders an Hanglagen (z.B. Weinanbau) vorteilhaft, da diese Gebiete stark erosionsgefährdet sind.

Das Herbizid sollte im Wechsel mit anderen Herbiziden eingesetzt werden, sodass der Wirkmechanismus zur Vorbeugung der Resistenzentwicklungen von unerwünschten Pflanzen greifen kann. Hierbei sollen verschiedene Pflanzenschutzmaßnahmen additional, also physikalische und biologische Methoden, angewendet werden. Denn wenn Herbizide nicht im Wechsel eingesetzt werden, so wie es bei Glyphosat der Fall ist, können Unkräuter eine natürliche Resistenz ausbilden und sich trotz Wirkstoff weiter vermehren, sodass der Anbaukultur ein beträchtlicher Schaden hinzugefügt wird. Positive Eigenschaften der Substanz sind der schnelle Abbau des Stoffes, sodass dieser nicht ins Grundwasser gelangt, und die ausreichenden sparsamen Behandlungen von Feldern und somit das Einsparen von Energie und Ressourcen.[35]

---

[34] Vgl.: https://www.mellifera.de/ueber-uns/presse/mitteilungen/glyphosat-beeintraechtigt-das-orientierungsverhalten-der-bienen.html, entnommen am 28.11.17, 14:52 Uhr
[35] Vgl.: https://www.glufosinate-ammonium.com/de-DE/Basics/How-does-Glufosinate-ammonium-work.aspx, entnommen am 30.11.17, 19:37 Uhr

5. Die globale Ungerechtigkeit der Lebensmittelversorgung

Allein 170 Millionen Kinder auf dieser Welt leiden in Folge von Unterernährung an Wachstumsverzögerungen.[36] Eigentlich kaum zu glauben, wo wir in der westlichen Welt einfach in den nächsten Supermarkt gehen können, und sich vor uns eine Masse an verschiedensten Lebensmitteln eröffnet. In anderen Ländern ist der tägliche Kampf ums Überleben gegen den Hungertod jedoch die bittere Realität: Die Ackerflächen werden knapper, die Ernten geringer und die Naturkatastrophen häufen sich. Agrochemische Unternehmen wie Monsanto und Co. sehen hier natürlich ihre Chance; sie versprechen die Verdopplung der Ernte mit Hilfe ihrer Pflanzenschutzmittel. Dabei stoßen sie auf massiven Widerstand von Seiten der Umweltvertreter, welche den biochemischen Konzernen die Vergiftung von Mensch und Umwelt vorwerfen; aber auch auf die Akzeptanz von Landwirten; denn diese wissen nicht wie sie den hohen Ansprüchen der enormen Nachfrage nach Nahrungsmitteln mit höchster Qualität zu niedrigsten Preisen gerecht werden sollen. Beide Seiten liefern berechtigte Einwände und zeigen die Probleme unserer Zeit und Gesellschaft auf, welche dringendst gelöst werden müssen, wenn auch noch in ein paar Jahrzehnten Menschen die Welt besiedeln wollen.

So entspricht es natürlich der Wahrheit, dass die Behandlung von Agrarflächen das komplexe, symbiotische Ökosystem zerstört, die Gesundheit der Feldarbeiter und Konsumenten gefährdet und Ressourcen wie Wasser verschmutzt; dennoch würde die Alternative, also keine Verwendung von Herbiziden in der Landwirtschaft, keine momentan vorstellbare Lösung bieten. In unserer hedonistischen Gesellschaft ist alles auf Konsum ausgerichtet: Die Regale müssen immer gut gefüllt sein, auch wenn so eine Menge an Produkten unverhältnismäßig und sogar ungerecht gegenüber hungerleidenden Ländern verteilt ist. Um diesen Erwartungen gerecht zu werden, müssen Bauern, welche bereits unter den zu niedrigen Lebensmittelpreisen leiden, zu konventionellen Methoden greifen. Paradoxerweise erwarten Konsumenten jedoch auch, dass diese Masse an Nahrungsmitteln ohne Gentechnik und ohne chemische Behandlung angebaut werden. Daraus lässt sich schließen, dass das Problem nicht unbedingt im Anbau an sich liegt, sondern vielmehr im Konsumverhalten der Menschen. Durch unsere ausschweifende und dekadentgesinnte Lebensart geben wir großen Konzernen erst die Macht über Gesellschaft, Wirtschaft und Politik.

Fakt ist, dass deutsche Unternehmen Großabnehmer von gentechnisch veränderten Produkten und behandelten Nahrungsmitteln, auf Grund der bestehenden Nachfrage,

---

[36] Vgl.: http://www.handelsblatt.com/unternehmen/industrie/monsanto-der-konzern-der-die-welt-vergiftet-oder-rettet/6802928.html, entnommen am 29.11.17, 21:00 Uhr

sind. Denn so funktioniert der Markt nun einmal; er reguliert sich idealerweise selbst nach Angebot und Nachfrage. Würde weniger eingekauft werden, so würde weniger angeboten und produziert werden müssen. Ein Beispiel hierfür bietet der stetig ansteigende globale Fleischkonsum, welcher den Massenanbau von Futtermitteln für die Nutztiere erfordert. Galt Fleisch noch vor wenigen Jahrzehnten als eine Art Luxusgut, welches nur gelegentlich verzehrt wurde, so gehört es heutzutage für die meisten Menschen zur Normalität dreimal täglich Fleisch zu konsumieren.

Daraus entstehen moralisch zweifelhafte Mastanlagen für Hühner, Gänse, Enten, Rinder und Schweine, welche haufenweise Futter verschlingen, das in so großen Mengen, in so kurzer Zeit, nicht auf natürliche Weise wachsen kann. Die Lösung des Dilemmas liegt also bei einem jeden Individuum selbst, denn die Kernursache sind wir durch unser egoistisches und verantwortungsloses Handeln.

Nichtsdestotrotz ist eine kritische Haltung gegenüber Herbiziden angebracht. Der Autor und Vordenker Peter H. Diamandis meint, dass bisher niemand durch manipulierte Lebensmittel gestorben sei, und dass diese Millionen Menschen retten würden. Dieser Aussage kann man nur teilweise zustimmen, schließlich sind die Auswirkungen von behandelten Nahrungsmitteln nicht ausreichend erforscht, und viele Studien gehen dennoch davon aus, dass Lebensmittel dieser Art Krebserkrankungen, Unfruchtbarkeit oder neurologische Störungen hervorrufen. Andererseits stimmt es, dass Millionen Menschen nur dank der „fortschrittlichen" Agrarforschung noch nicht den Hungertod gefunden haben. Denn wie bereits oben erläutert, wäre es ohne die moderne Hilfe von Pestiziden nicht möglich die Weltbevölkerung zu versorgen. Viele Menschen hungern auf der Welt auch heute noch trotz der Möglichkeit von Pflanzenschutzmitteln, selbst wenn dies unbestreitbar ein Fehler der Distribution von Kapital und Nahrung ist.

Die Frage die sich zudem unweigerlich bei dieser Form des Anbaus, auch „Raubbau" genannt, stellt, ist die Frage der Dauerhaftigkeit: Wie lange hält unsere Erde diese extreme Ausbeutung aus?

Die steigende Zahl von Monokulturen belastet die Böden enorm und richtet oftmals irreversible Schäden von Grund und Ökosystem an. Sollten diese die Böden auf unabsehbare Zeit unfruchtbar machen, so stünden wir vor einem noch sehr viel größeren Problem als auch so schon. Wäre es also nicht besser, durch den biologischen Anbau weniger zu ernten, dafür aber die Sicherheit der Existenzgrundlage der Böden zu haben, anstatt diese auszunutzen, um dann in ein paar Jahren festzustellen, dass auf ihnen keine Pflanzen mehr gedeihen können. So weit so gut, doch kann Bio die Welt ernähren?

Bei der biologischen Bewirtschaftung wird weniger geerntet als bei der konventionellen; auf Versuchsbauernhöfen in Schleswig-Holstein kam heraus, dass die Erträge auf

Biofeldern, abhängig von der Bodenqualität, um 20 bis 70 Prozent sanken. Auch langfristig angebaut, hat Bio geringere Erträge, eine Studie des „Forschungsinstituts für biologischen Landbau (Fibl)" zeigt, dass auch bei einem ökologischen Anbau über 30 Jahre hinweg, Ertragseinbußen von durchschnittlich 20 Prozent bestehen bleiben. Auch die Studie eines Forscherteams um Catherine Badgley von der „University of Michigan" sollte beweisen, dass sich mit Biolandbau weltweit, ohne die Ausweitung von Anbauflächen, über 50 Prozent mehr produzieren lasse, als alle Landwirte es derzeit schaffen würden – es müsse also niemand unter der Biolandwirtschaft hungern. Ein Forscher des neokonservativen „Hudson Institute" ließ diese Traumblase platzen, indem er die Falschheit von ausgewerteten Daten offenlegte: Nur 11 bis 21 Prozent der zitierten Anbaudaten aus Entwicklungsländern sollen von Bioprojekten stammen: „Viele, wenn nicht alle, benutzten synthetische Dünger und Pestizide.[37]" Die Erfüllung der Wunsches nach einer gesunden Anbaumethode für Mensch und Umwelt scheint sehr fern, und das Düngen auf vermeintlich ökologischen Feldern geht weiter: Das kleine Flugzeug, das Chemikalien gegen Pilzerkrankungen auf der Bananenplantage versprüht und die Plantagenarbeiter gefährdet, die darauffolgende Versickerung des Pestizids im Grundwasser, wo dieses wiederum dem Wasser Sauerstoff entzieht und das Absterben von Bakterien und Algenkulturen verursacht. Bereits die Herstellung dieser Pestizide, verursacht durch den hohen Energieaufwand, resultiert im hohen Ausstoß des Treibhausgases, Kohlendioxid. Hier bietet der ökologische Anbau wieder einen positiven Aspekt, denn trotz der Ertragseinbußen, kann er mit einer 15 bis 20 prozentigen Verminderung von Treibhausgasen punkten.[38]

Da weder ganz biologisch noch ganz konventionell nicht zum gewünschten Ergebnis führen, ist eine Kombination beider Varianten die momentan beste Option in der Landwirtschaft die wir haben. Daniel Neuhoff, Arbeiter am „Institut für organischen Landbau" an der Universität Bonn, empfiehlt mehr Hülsenfrüchte[39] anzubauen, mehr organischen Dünger wie Kompost zu verwenden, und nur falls notwendig, chemische Mittel zu nutzen. Diese Landwirtschaft wäre zwar immer noch konventionell, dennoch aber ökologischer als bisher, und somit ein Schritt in die richtige Richtung.

6. Fazit

Die Zerstörung unserer Gesundheit und des Ökosystems durch die Behandlung von Agrarnutzflächen mit, von biochemischen Konzernen hergestellten Substanzen, sind

---

[37] Zitat nach Alex Avery, Forscher der US-Denkfabrik „Hudson Institute".
[38] Vgl.: http://www.taz.de/!766103/, entnommen am 30.11.17, 18:02 Uhr
[39] Besitzen die Eigenschaft, Stickstoff aus der Luft zu binden und haben einen hohen Eiweißgehalt. Hülsenfrüchte sind somit wichtige Pflanzen für Landwirtschaft und Viehhaltung.

die Übel einer versagenden Gesellschaft. Alle Menschen tragen hier Mitschuld: Sowohl einfache Konsumenten, die nicht auf den Überfluss verzichten wollen, als auch Unternehmer, die aus der Natur ein lukratives Geschäft auf Zeit gemacht haben.

Wir tragen eine große Verantwortung gegenüber uns, dem Planeten und zukünftigen Generationen, für welche wir uns im 21.Jahrhundert durch Naturkatastrophen und Skandale mehr und mehr sensibilisieren. Denn die Herausforderung, welcher wir gegenüberstehen, kann immer weniger von nationalen Regierungen bewältigt werden, sondern muss vielmehr von uns als Einzelnen in einem Abhängigkeitsgeflecht gelöst werden. In unserer modernen, schnelllebigen Welt fühlen wir uns oftmals zunehmend Entwurzelt; wir stehen unter Stress und haben nur noch wenig Bezug zu unserem Ursprung, der Natur. Dies führt zu einem Mangel an Wertschätzung und Respekt vor den überlebenswichtigen Dingen, die wir von der Natur beziehen.

Wir müssen begreifen, dass es für uns ohne die Natur kein Überleben gibt, und die schmale Gratwanderung der Koexistenz mit ihr keine Option, sondern Notwendigkeit ist. Wir sollten beginnen, uns in den Naturhaushalt einzufügen, statt zu versuchen diesen unserem Willen zu beugen. Denn so wie Zenon von Kition bereits sagte, ist es das Lebensziel im Einklang mit der Natur zu leben.

7. Literaturverzeichnis

- Vgl. UN Population Database: http://pdwb.de/nd02.htm, entnommen am 04.11.17, 21:43 Uhr
- Vgl.: https://netzfrauen.org/2015/08/29/unserer-erde-geht-der-sand-aus-sand-wird-zur-schmuggelware/, entnommen am 26.11.17, 15:51 Uhr
- Vgl.: https://de.m.wikipedia.org/wiki/Monsanto#Anfangszeit_von_Monsanto, entnommen am 24.11.17, 16:50 Uhr
- Vgl.: https://de.m.wikipedia.org/wiki/Polychlorierte_Byphenyle, entnommen am 24.11.17, 16:45 Uhr
- siehe https://monsanto.com/, entnommen am 25.11.17, 14:40 Uhr
- Vgl.: http://www.deutsche-gesundheits-nachrichten.de/2016/03/10/eu-parlament-verschiebt-abstimmung-ueber-glyphosat-zulassung/, entnommen am 25.11.17, 15.47 Uhr
- Vgl.: www.deutschlandfunk.de/eu-parlamentarier-karl-heinz-florenz-glyphosat-fuenf-jahre.697.de.html?dram:article_id=401403, entnommen am 25.11.17, 16:40 Uhr
- Vgl.: http://www.rp-online.de/politik/eu/glyphosat-fuer-weitere-fuenf-jahre-in-der-eu-zugelassen-aid-1.7229735, entnommen am 27.11.17, 18:33 Uhr
- Vgl.: https://de.wikipedia.org/wiki/Bayer_AG, entnommen am 27.11.17, 19:47 Uhr
- Vgl.: https://www.bayer.de/de/profil-und-organisation.aspx, entnommen am 27.11.17, 20:00 Uhr
- Vgl.: https://www.bayer.de/, entnommen am 27.11.17, 20:13 Uhr
- Vgl.: https://www.bayer.de/de/crop-science-division.aspx, entnommen am 27.11.17, 20:40 Uhr
- Vgl.: http://www.hausarbeiten.de/faecher/vorschau/149720.html, entnommen am 27.11.17, 21:45 Uhr
- Vgl.: https://www.welt.de/vermischtes/article139913254/Agent-Orange-Bis-heute-eine-toedliche-Waffe.html, entnommen am 27.11.17, 22:20 Uhr
- Vgl.: https://www.agrarheute.com/management/finanzen/zehn-fakten-ackerboden-445152, entnommen am 26.11.17, 18:34 Uhr
- Vgl.: http://www.spektrum.de/lexikon/biologie/herbizide/31406, entnommen am 26.11.17, 22:15 Uhr
- Vgl.: http://www.chemie.de/lexikon/Herbizid.html, entnommen am 26.11.17, 22:23 Uhr
- Vgl.: http://greencommons.de/images/e/e2/Einteilung_von_Herbiziden_Sachkundelehrgang_Kommunaler_Bereich_.pdf, entnommen am 26.11.17, 22:30 Uhr
- Vgl.: https://www.ulmer.de/Ausbringung-von-Pflanzenschutzmitteln-Wirkungsweisen-von-Herbiziden,QUIEPTI4NDQ5MSZVUE9TPTImTUIEPTMyMTA.htmlv, entnommen am 26.11.17, 22:45 Uhr
- Vgl.: https://www.ulmer.de/Ausbringung-von-Pflanzenschutzmitteln-Wirkungsweisen-von-Herbiziden,QUIEPTI4NDQ5MSZVUE9TPTImTUIEPTMyMTA.html, entnommen am 26.11.17, 22:48 Uhr

- Vgl.: http://www.glyphosat.de/glyphosat-grundlagen/was-ist-glyphosat, entnommen am 25.11.17, 21:03 Uhr
- Vgl.: https://www.nabu.de/imperia/md/content/nabude/gentechnik/hintergrund/faqgly phosat.pdf, entnommen am 25.11.17, 21:20 Uhr
- Vgl.: http://www.ecowoman.de/24-natur-umwelt/5444-monsanto-faelscht-studien-und-glyphosat-bleibt-weiterhin-erlaubt, entnommen am 25.11.17, 22:00 Uhr
- Vgl.: http://www.deutsche-gesundheits-nachrichten.de/2016/03/10/eu-parlament-verschiebt-abstimmung-ueber-glyphosat-zulassung/, entnommen am 25.11.17, 22:13 Uhr
- Vgl.: https://www.mellifera.de/ueber-uns/presse/mitteilungen/glyphosat-beeintraechtigt-das-orientierungsverhalten-der-bienen.html, entnommen am 28.11.17, 14:52 Uhr
- Vgl.: https://www.glufosinate-ammonium.com/de-DE/Basics/How-does-Glufosinate-ammonium-work.aspx, entnommen am 30.11.17, 19:37 Uhr
- Vgl.: http://www.handelsblatt.com/unternehmen/industrie/monsanto-der-konzern-der-die-welt-vergiftet-oder-rettet/6802928.html, entnommen am 29.11.17, 21:00 Uhr
- Vgl.: http://www.taz.de/!766103/, entnommen am 30.11.17, 18:02 Uhr
- Siehe https://volksbetrugpunktnet.wordpress.com/2014/03/17/liste-von-firmen-in-der-brd-die-produkte-von-monsanto-verwenden/, entnommen am 25.11.17, 16:14 Uhr

BEI GRIN MACHT SICH IHR WISSEN BEZAHLT

- Wir veröffentlichen Ihre Hausarbeit, Bachelor- und Masterarbeit

- Ihr eigenes eBook und Buch - weltweit in allen wichtigen Shops

- Verdienen Sie an jedem Verkauf

Jetzt bei www.GRIN.com hochladen und kostenlos publizieren